KB262705

한국 건축의 멋을 찾아서

한국 건축의 멋을 찾아서

발행일 : 2025년 08월 08일
출판사 : 하랑출판
주   소 : 서울시 중구 퇴계로28길 8
전   화 : 02-2263-3337

목 차

정 원

부용정에서 본 어수문과 주합루
Eosumun Gate and Chuhapru Pavilion from the view of Puyongcheong

주합루(宙合樓)는 정조 원년(1777)에 창건된 정면
5칸, 측면 4칸의 팔작지붕의 2층 누각으로서 부용정과
중도를 연결하는 언덕위에 세워져 있으며 남사면에는
직선의 화단이 있어 소나무, 단풍나무 등이 식재되어
있다. 주합루는 창덕궁 궁궐 정자중 가장 큰 것으로 남
쪽의 부용정과 중도, 어수문, 주합루가 남북 축상에 놓
여 있어 아름다움의 극치를 이루고 있다. 주합루는 언
덕 위에 자리하고 있어 전망이 좋으며 바로 부용정과
부용지가 한눈에 들어와 관람이 용이하며 여기서는 사
계절의 변화를 즐길 수가 있다. 부용지일대의 정원공
간은 직선위주이고 건축물의 공간배치는 기하학적임
이 특징적이다. 어수문은 주합루의 정문으로 사찰의
일주문처럼 사방으로 평방을 두르고 여기에 내,외 3출
목의 공포를 짜었으며 우진각 지붕에 부연을 단 겹
처마이다. 좌우에 지붕을 곡면으로 한 작은 문이 있어
주합루의 외삼문처럼 꾸몃다.

부용정과 어수문
Puyongcheong Pavilion and Eosumun Gate

주합루 석조계단
The stone stair of Chuhapru Pavilion

부용지와 부용정

Puyongchi Pond and Puyongcheong Pavilion

　부용정은 둥근모양의 당주를 만든 방지의 남쪽변에
자리잡고 있다. 정면 3칸, 측면 4칸의 아(亞)자형을 기
본으로 변형시킨＋자형 평면으로 연지에 팔모돌 기둥
2개를 세웠다.

영화당 내부 ◀

The interior of Yeonghwatang Hall

영화당의 내진공간은 온돌 1칸, 대청 2칸으로 구성
되고 주위3면을 개방시켰다. 필요할 때 대청의 문짝을
집어 들쇠에 매달면 주변의 경관이 한눈에 들어온다.

영화당에서 본 부용지 ▶

Puyongchi Pond from the view of Yeonghwatang Hall

주합루에서 본 어수문과 부용정
Eosumun Gate and Puyongcheong Pavilion from the view of Chuhapru Pavilion

◀ 영화당에서 본 사정기 비각
Sacheongkipikak Tablet House from the view of Yeonghwatang Hall

후원 건물중 가장 먼저 지어진 영화당은 숙종 18년 (1692)에 개축된 것으로 주변의 꽃을 감상하거나 왕이 주제하여 과거를 치루는 곳이기도 했다. 연못의 서쪽에 있는 사정기비각은 숙종 때 세운 것으로 그때 이름을 얻었다고 한다. 특히 사정기 비각은 세종조에 영순군과 조산군이 주합루 근처에서 우물을 찾다가 이름지은 것을 기념하여 옛 술정각 자리에 비를 세우고 건립한 것이다.

부용정(芙蓉停)

1707년

Puyongcheong Pavilion

Built in 1707 A.D.

　부용정은 처음에는 택수제(澤水齊)라 했는데 정조 때 와서 현재의 부용정이라 개명하였다. 부용정은 중 도가 있는 방지(35m×29m)의 남쪽 중앙에 세워진 것 으로 정면 3칸, 측면 5칸의 십자형 건물인데 단층의 다각기와 지붕을 하고 있으며 팔각형의 기둥 2개가 물 속에서 건물을 받치고 있는 것으로 유명하다. 건축적 인면에서 아(亞)자형으로 다각화된 평면의 남쪽에 맞 도록 지붕구조를 완성한 처마의 겹침과 이어짐이 하나 의 조형물과도 같다.

부용정(芙蓉停)과 부용지(芙蓉池) ▶
Puyongcheong Pavilion and Puyongchi Pond

　부용정이 있는 방지는 화강암의 장대석을 사용하여 직선형으로 축조한 것으로서 가운데에 직경 8m가량 의 둥근 섬이 있고 적송이 식재되어 있다. 부용정 지 원의 기능은 달맞이 놀이나 낚시, 주변경관의 감상에 있으나 달밤에 뱃놀이를 할 수있는 곳이기도 했다.

불로문(不老門)
Pulromun Gate

　금마문 옆 담장 중간을 끊어 2개의 다듬은 초석을
놓고 한 장의 통돌을 요철모양으로 깍아 만들어 상부
에 문이름을 세겼다. 돌짜귀 구멍자리로 보아 원래는
문짝을 달았었던 것으로 보인다.

부용지(芙蓉池) 근경
The near view of Puyongchi Pond

부용지는 비원 입구에서 가장 가까운 거리에 있는
정원으로 중도가 있는 방지를 중심으로 연못의 남쪽에
부용정, 그 동쪽 축단위에 영화당(暎花堂), 서쪽에 사
정기비각(四井記碑閣), 북쪽 언덕 위에 주합루(宙合樓)
등으로 이루어진 일련의 근역을 형성하고 있다. 이 근
역은 부용지를 중심으로 이루어져 있는데 첫눈에 보아
아늑한 분위기를 느낄 수있다.

옥류천 근역 전경
The near view of Okryucheon Brook

◀ 옥류천 후원

1603년완성

Okryucheon Brook rear garden in Changdeokkung Palace

Comlpeted in 1603 A.D

　비원의 북쪽 가장 안쪽에 자리잡고 있는 계곡을 일명 옥류천이라 하는데 그 입구에 청의정, 소요정, 태극정, 취냉정, 농산정 등이 있는 소위 유락공간이다.　공간의 중심은 옥류천인데 산형(山形)의 바위바닥에 곡수거를 만들어 물이 원형으로　갑돌다가 소규모 폭포를 이루며 떨어지도록 되어있다. 곡수거면 윗쪽　석벽하부에 옥류천이라고 음각한 인조의 어필이 있어 이곳을 옥류천이라 부르게 되었다. 이곳에 있는 소요정은 옥류천 폭포 앞에 있는 1칸의 삿갓지붕 정자로서 이곳 다리 밑으로 옥류천 물이 흐르고 있다. 옥류천 근역에는 5개의 정자와 청의정의 방지, 방도, 모정, 옥류천의 곡수거와 폭포 등으로 이루어져 있어 형태로　보면 다양하고 비기하학적인 성격이 강하여 주위의 자연환경에 대해 시각상 거부반응을　부여하지 않는 장점을 지니고 있다.

옥류천 근역 전경
The near view of Okryucheon Brook

옥류천의 바위와 물의 흐름을 보여주고 있는 것으로
바위를 음각하여 의도적으로 물의 흐름을 조정하고 있
는 모습을 볼 수 있다.

옥류천으로 이르는 물길
The flow of water to Okryucheon Brook

　산으로부터 흐른 물이 돌로 정리된 물길을 따라 흐
르다 판석교 아래에 이르며 둥글게 판 확에서 잠시 머
물게 된다.

옥류천 수로
The water road of Okryucheon Brook

북악산 동쪽 산줄기의 하나인 응봉(鷹峯)산록으로
부터 흐르는 어정을 파서 물이 흐른다. 판석으로 다리
를 놓아 청의정, 태극정과 어정을 연결하였다.

옥류천으로 가는길
The way to Okryucheon Brook

옥류천으로 이르는 오솔길가에 취한정이 있다. 정자
앞으로 시냇물이 흐르고 몇 채의 정자가 보인다.

취한정
Chwihancheong Pavilion

옥류천 입구에 세운 취한정은 임금이 옥류천 어정에
서 약수를 들고 돌아 나올때 쉴수있도록 한 정자이다.
2벌대의 장대석 기단위에 사각으로 다듬은 초석위에
네모기둥을 세워 납도리로 결구하였고 정면 3칸, 측면
1칸의 장방형 평면으로 팔작지붕, 홑처마이다.

옥류천 소요정

1636년경

Soyocheong Pavilion in Okryucheon Brook

Built in 1636 A.D.

　왕의 유락공간으로 옥류천 근역에 위치하며 주변의
수려한 환경을 감상하기에 좋은 위치를 차지하고 있다.

옥류천 소요암 ◀

Soyoam Rock of Okryucheon Brook

옥류천 청의정 ▶

1636년 건립

Cheongyicheong Pavilion of Okryucheon Brook

Built in 1636 A.D

　청의정은 옥류천 북쪽에 있는 삿갓지붕형의 1칸 모
정으로서 규모는 9.7m×7.1m의 넓이를 하고 있으며
장방형의 중도(3.8m×3.6m)위에 축조되었다. 청의정
의 기능은 주로 휴식과 유락이며 가끔은 낚시도 하였다
고 전한다.

부용정과 영화당을 지나 북쪽으로 가면 금마문이 있고 여기서 연경당 쪽으로 가면 오른편으로 큰 연못이 있는데 이 연못이 애련지(愛蓮池)이고 여기에 있는 정자가 애련정(愛蓮亭)이다. 애련지의 규모는 동서 약 31m, 남북 약 25.6m 이며 북쪽에 애연정이 있고 애련지 서쪽 한 단 높은 곳으로 25m 정도를 가면 동서 약 13.5m, 남북 약 16.8m 규모의 방지가 있다. 기록에 의하면 어수당이 연경당의 동남쪽에 있는 두 연못 사이에 있어 광해비 유씨가 피난하기도 했던 곳이라 하는데 현재는 존재하지 않는다. 이 애련정과 애련지 근역이 비원의 대표적인 조경공간이기도 한데 연경당을 포함하면 그 규모는 실로 크다고 할 수있다. 규모는 정면 1칸, 측면 1칸의 사모정으로 남쪽의 2개의 기둥은 석주로하여 연못에 세웠다. 이익공 양식이며 부연을 둔 겹처마로 사모지붕 중앙에는 절병통으로 치장하였다.

▶ 어정과 청의정
Eocheong Pavilion and Cheongyocheong Pavilion

정방의 화강석으로 우물돌을 하고 큼직하게 개석을 만들어 덮고 그 주위에 박석을 깔았다. 넘쳐흐른 물이 그 아래 둥글게 판 수조로 흘러 머물다가 옥류천으로 흐른다.

◀ 청의정과 태극정
Cheongyicheong Pavilion and Taekeukcheong Pavilion

물길을 사이에 두고 마주하는 두 정자는 같은 단칸 사모정이나 '초가' 와 '기와' , '못을 파고', '기단을 쌓고' 등 여러 가지 면에서 대조를 이룬다.

태극정

Taekeukcheong Pavilion

이중 서까래로 추녀를 길게 뽑은 겹처마에 우물천장
이다. 기둥의 문설주의 들쇠로 보아 원래 분합문이 가
설되어 있었으며 사방으로 창호를 들어 열어 개방되
도록 하였던 것으로 보인다.

청의정에서 본 태극정

1636년 건립

Taekeukcheong Pavilion from the view of Cheongyicheong Pavilion

Built in 1636 A.D.

3벌대의 장대석 기단위에 안쪽으로 외벌대의 기단
을 만들고 다듬은 초석위에 둥근기둥을 세워 굴도리로
결구한 정면 1칸, 측면 1칸의 사모정자이다. 지붕의
중앙은 절병통으로 마무리하였으며 아(亞)자 살로 구
창부를 꾸민 평난간을 툇마루 주위에 둘렀다.

崇蓮亭

관람정
20세기초 건립추정
Kwanramcheong Pavilion

육모지붕의 전형적인 모습을 하고있는 관람정은 창덕궁 비원의 반도지에 위치하고 있으며 기둥초석중 두 개가 연못에 드리워져있어 그 풍경이 과히 뛰어나다 할 수 있다. 건립연대로는 비교적 최근의 것에 속하며 형식성과 조화미에서 정원건축의 정수로 손꼽힌다.

◀취한정에서 본 소요정
Soyocheong Pavilion from the view of Chwihancheong Pavilion

반도지와 관람정 전경
Pantochi Pond and Kwanramcheong Pavilion

반도지는 한반도 모양과 같다고 하여 붙여진 이름이
다. 원래는 크고 작은 원형 3개가 한곳에 모인 호리병
모양이던 것을 일본인들이 고친 것이라 한다. 한반도
와 반대로 남북이 거꾸로 뒤집힌 형상을 하고있어 마
음을 불편케 한다.

관람정 전경 ◀
The view of Kwanramcheong Pavilion

관람정은 우리나라에서 유일한 부채꼴 모양의 정자
로 평면의 호(弧)를 이루는 부분이 반도지 안에 놓인 주
초석위에 있어 물위에 떠있는 듯 하다. 6개의 둥근 기
둥을 세우고 기둥사이에 낙양각을 달았다. 홑처마이고
우진각 지붕모양이며 용마루의 양끝을 용두로 치장하
였다. 정자의 바닥은 널을 길게 깐 장마루를 깔았고 아
름다운 평난간을 둘러 기둥과 창방의 낙양각과 함께 조
화를 이룬다.

관람정 측면 ▶
The side view of Kwanramcheong Pavilion

존덕정 앞 석교
The stone bridge at the front of Chondeokcheong Pavilion

존덕정과 연지
1644년 건립
Chondeokcheong Pavilion and Lotus Pond
Built in 1644 A.D.

관람정을 지나 홍예교를 건너면 6각형 평면의 각 모서리에 둥근기둥을 세워 주두와 첨차로 공포를 짠 주심포식 정자이다. 건물의 절반정도가 연못으로 내밀어 석주로 받치게 하였다. 이중난간을 설치하여 내진공간을 구분하고 안정감을 갖도록 꾀하였다. 언뜻 보기에 중층건물로 보이나 처마에 잇대어 지붕을 하나 더 만들어 아래는 개방된 퇴칸이 되고 지붕은 이중지붕이 되었다. 지붕의 중앙에는 절병통으로 마무리하였으며 오른쪽에 보이는 건물은 평우사이다.

용산정 전경
The view of Yongsancheong Pavilion

　태극정 아래에 위치하며 정면 5칸, 측면 1칸의 장방형 평면의 특이한 정자로 대청 2칸, 온돌방 2칸, 부엌 1칸으로 구성되어 있다. 2벌대의 낮은 기단위에 초석을 놓고 내모기둥을 세워 납도리로 결구한 홑처마의 맞배지붕이다.

삼삼와
Samsamwa Pavilion

삼삼와는 육각정으로 외벌대 장대석 기단위와 기둥 아래 부분에 2벌대 장대석을 쌓고 그 위에 초석과 고막이를 둘러놓고 그 위 아래층 벽에는 전돌로 귀갑문 장식을 하였다. 육각형의 기둥을 사용한 초익공 겹처마이며 3단으로 구획된 실난간을 전면의 툇마루에 둘렀는데 이것이 칠분서로 연결된다.

담양 소쇄원
지방기념물 5호
Soswaeweon Garden in Tamyang
Local Monument No. 5

지방기념물 5호인 소쇄원은 조선초중기(1530)의 것으로 양반댁의 정원으로서 뛰어난 풍모를 자랑하고 있다. 특히 이 정원은 양반의 별장격인 별서정원으로 분류되며 아직까지 보존된 조선조 정원양식을 가장 잘 보여주고 있는 것이 특징이다. 이 정원의 주인은 양산포이며 당시 마을을 구성하던 것은 양씨집안의 동족마을이었던 것으로 보인다. 현재는 과거의 것보다 많이 퇴락한 모습을 보여주고 여러 가지 정원 구성요소와 인근의 정원 구성 건축물로 인해 방만한 모습의 정원의 격을 잘 엿볼 수 있는 것이다.

소쇄원의 광풍각 전경
Kwangpungkak Pavilion of Soswaeweon Garden

정면 3칸 측면 3칸의 건물로, 가운데 1칸×1칸의 방
이 있는 특이한 정자이다.

광풍각 전경
Kwangpungkak Pavilion of Soswaeweon Garden

소쇄원 담장
The wall of Soswaeweon Garden

광풍각 내부 상세 ▲
Inner detail of Kwangpungkak Pavilion

누 각 · 관 어

廣寒樓

Kwanghanru Pavilion in Namweon

Treasure No. 281

　조선 중기때(1638)의 것으로 춘향전으로 유명한 건
축물이다. 기초석의 길이로 전체는 마치 2층 구조를 하
고 있는 듯 하나 1층을 필로티로하여 공중에 띄운 단층
건물이다. 따라서 건물형식은 엄격히 말해 누 다락식
이며 평면에 보면 동쪽으로 3칸의 구조물이 붙어있다.
특히 부근의 연못은 루의 정광을 더욱 풍요롭게 한다.

광한루 구조상세
Detail of Kwanghanru Pavilion

광한루 공포 ▲
Detail of column top ornanmentation of Kwanghanru Pavilion

구조는 이익공계로서 쇠서등은 다포기법을 쓰고 있다.

광한루 전경

The view of Kwanghanru Pavilion

호남 제일루라는 현판이 눈에 들어오듯이 광한루는 밀양의 영남루와 함께 국내의 뛰어난 루건물로 손꼽힌다.

광한루 기둥초석

Detail of column and base

◀ 광한루 전경

The view of Kwanghanru Pavilion

루의 평면은 남측 5칸×3칸의 구조이며 북측은 좁은 협칸을 구성하고 있다. 가운데는 중간에 기둥없이 통칸으로 되어있어 넓은 공간을 형성한다. 루의 부속건물은 2칸의 방과 1칸의 마루와 툇마루로 이루어지며 기둥에 의해 3공간이 명확히 구분되는 것이 특징이다.

광한루 전경
The view of Kwanghanru Pavilion

연못의 풍광과 함께 무에 비친 광한루의 자태가 춘
향전의 낭만적인 이미지를 충분히 상기시키고 있다.

◀ 광한루 전경
The view of Kwanghanru Pavilion

광한루의 연못
Pond of Kwanghanru Pavilion

광한루 전경
The view of Kwanghanru Pavilion

삼척 죽서루
보물 213호

Chukseoru Pavilion in Samcheok

Treasure No. 213

조선 초기(1403)에 중건된 것으로 18세기 당시 현재의 규모로 중수되었다. 건축적 특징은 원래 초창때와 이후의 중수당시의 구조적 기법이 다르다는 점이다. 전경은 수려한 오십천위에 위치하고 있어 풍광은 이루 말할 바 없이 훌륭하고 높은 절벽위에 위치하여 절묘한 경관과 조화를 이루고 있다.

죽서루
Chukseoru Pavilion

　죽서루의 평면구성은 우측의 5칸이 가운데 기둥이 없는 통칸으로 이루어져 있으며 좌측만이 작은 협칸을 이룬다. 구조방식도 가운데 5칸은 긴보의 5량구조이며 양측 1칸의 증축부분은 2익공식이다. 루하 부분은 17개의 기둥으로 지지되어있으며 그 기둥의 길이가 전부 달라 자연 지형에 따라 건축하였음을 큰 특징으로 하고 있다.

죽서루 내부상세
Inner detail of Chukseoru Pavilion

죽서루 기둥과 난간 상세
Detail of columns and railing of Chukseoru Pavilion

진주 촉석루
Chokseokru Pavilion in Chinchu

  논개의 일화로 유명한 촉석루는 관영 정자로 그 규
모에 있어 일반 개인의 루에 비할 바가 못된다. 루 앞
의 논개바위는 임진난때 논개의 절의를 아직도 느끼는
듯하다.

축석루 현판
Tablet of Chokseokru Pavilion

누 난간 상세
Detail of Railing

축석루 현판
Tablet of Chokseokru Pavilion

경주 포석정
Poseokcheong in Keongchu

경주 남산의 계리궁내에 있는 것으로 현재는 유일하
게 석조수로만이 남아있다. 일종의 궁궐 정원시설로
보아야 될 것이며 왕의 유락시 석조수로에 술을 띄워
즐기던 곳이다. 현재 입구와 배수 구조가 명확하지 않
아 전체적인 구조는 알길이 없고 다만 90여개의 화강
암으로 이루어져 있을 뿐이다.

밀양 영남루

보물 147호

Yeongnamru Pavilion in Milyang

Treasure No. 147

　남원 광한루와 함께 국내 루각건물의대표적인 양대 건물로서 조선 중후기(1844)에 건립된 것이다. 전체 규모는 3동으로 이루어져 있으며 본루의 규모는 정면 5칸, 측면 4칸이다. 위치는 밀양강 절벽위에 위치하여 훌륭한 풍광을 바라보고 있으며 동쪽으로 능파당, 서쪽으로 침류각이 있고 이들 3건물이 상호 긴밀하게 연결되어 있는 것이 특징이다. 특히 침류각에서 영남루로 이어지는 층계단은 가히 루각 건축물의 정수를 보고 있는 듯 하다.

영남루 전경
The view of Yeongnamru Pavilion

침류각에서 영남루로 이르는 계단
The stairs from Chimryukak Pavilion to Yeongnamru Pavilion

영남루 전경
The view of Yeongnamru Pavilion

　영남루의 구조는 2고주 5량의 전후좌우 툇집으로서
2열의 내부고주에 4면의 외주가 퇴보와 충량으로 연결
되어 툇칸을 구성하고 있다.

영남루 내부
Inner detail of Yeongnamru Pavilion

영남루 전경
The view of Yeongnamru Pavilion

영남루 구조상세
Detail of column top ornanmentation of Yeongnamru Pavilion

영남루 전경
The view of Yeongnamru Pavilion

경복궁 경회루 ▶
1867중건, 국보224호
Kyonghoeru Pavilion in Kyongbokkung Palace
Rebuilt in 1867 A.D.National Tresure No.224

경회루는 현존하는 누 건축에서 가장 뛰어난 걸작이
다. 정면 7칸, 측면 5칸의 팔작지붕으로 현존하는 목
조건물중에 단일건물로는 가장 큰 규모의 집이다.

◀종묘 정전
Seoul Chongmyo Main Tomb

　　조선 중기때(1608)의 것으로 국내 단일건물중 가장
긴 것으로 유명하다. 건물은 중앙과 양옆의 익실로 구
성되는데 중앙의 태실이 19칸, 옆의 익실이 3칸의 규
모를 하고있으며 이것과 직교한 각각 5칸의 부속채가
달려있다. 태실부분은 정전 중심건물로서 지붕이 가장
높게 처리되어있으며 조선조 왕들의 신위가 모셔져 있
으며 여러번의 중창과 함께 오늘에 이르고 있다. 정전
앞 부분에는 일종의 중정이 형성되어 있는데 일종의
신도로서 왕의 영령 이외에는 밟지 못하도록 계획되었
다.

정전 입구 전경
The view of Entrance Gate of Main Tomb

정전 입구
Entrance Gate of Main Tomb

전형적인 삼문형식으로 건물의 격을 높여주는 역할을
하고 있다. 삼문 각각에 이르는 계단이 있고 가운데의 것
이 중심을 이룬다.

정전 중정의 디테일
Detail of Main Tomb Court

정전 중정 계단
Stairs of Main Tomb Court

종묘 영녕전
Ryeongneongcheon Hall of Chongmyo Royal Tomb

　조선중기(1608)의 것으로 박공지붕을 하고 있으며 초익공계의 전형적인 기법을 보여주고 있다. 공간구성이나 전체적인 건물형식은 종묘 정전을 흉내낸 듯하나 다소 작은 규모이며 칸수로는 정면 15칸, 측면 3칸 구조를 하고 있다. 영령전의 특징은 가운데 돌출된 지붕의 4칸에 조선조의 정식왕을 모신 것이 아니라 이태조의 선조4대를 모셔둔 것이 특이하다.

영녕전 측면 전경
The side view of Ryeongneongcheon Hall

◀ 영녕전 입구
The Entrance of Ryeongneongcheon Hall

서울 문묘
사적 143호
Seoul Munmyo Tomb
Historical Site No. 143

서울 문묘 명륜당
Myeongryuntang Hall of Seoul Munmyo Tomb

  건물 규모는 정면 9칸, 측면 3칸이며 가운데 3칸이
일종의 솟을 지붕으로 튀어나와있다. 강학공간으로서
바닥은 마루구조로 되어있으며 양 옆의 익실은 원래는
온돌방이었다고 한다. 명륜당 앞으로 기숙사인 동재와
서재가 좌우대칭을 이루고 있다.

명륜당 상세
Detail of Myeongryuntang Hall

서울 동묘

보물 142호

Tongmyo Tomb in Seoul

Treasure No. 142

조선 중기(1601)의 것으로 중국 후한의 관우를 모시는 곳이다. 원래의 명칭은 동관왕묘(東關王廟)로서 전형적인 문묘의 배치를 따르고 있다. 동묘는 일반적으로 문묘와 유사하게 외삼문, 삼문, 정전이 중심축선상에 위치하고 좌우대칭을 이루며 특히 내삼문은 측칸이 4칸으로 문이 다른 문보다 더욱 깊다는 점이다.

동묘 전경
The view of Tongmyo Tomb

서울 사직단

보물 117호

Sachiktan Platform in Seoul

Treasure No. 117

한양천도시 좌묘우사의 원칙에 따라 경복궁 서쪽으
로 사직단을 세웠다. 사직단의 원래의 배치는 경내의
동서남북 사면에 문을 두었으며 남문을 정문으로하여
구성하였다.

사직단 정문
The Entrance Gate of Sachiktan Platform

사직단 정문은 초익공으로서 헛첨차와 같은 주심포
식도 나타나고 있으나 주심포식에서 익공식으로 변천
되어가는 단계의 것으로 보인다. 이 문도 강릉 객사문
과 같이 삼문형식으로서 중앙칸이 옆의 협칸보다 더
넓으며 지붕의 규모도 축소되는 경향을 보인다.

강릉 객사문
국보 51호
Kaeksamun Gate in Kangreung
National Treasure No. 51

  국내에 남아있는 관아건축중 가장 빼어난 건축미를 자랑하는 것으로 연대로는 14세기로 추정하고 있다. 전체적인 규모는 작으나 고려식의 주심포양식을 가장 잘 표현해주고 있고 그 훌륭한 자태와 비례 등은 타 주심포 양식에 비할바 못된다. 평면을 보면 정면 3칸, 측면 1칸의 구조로 되어 있으며 가운데에 문이 있는 삼문 형식이다.

객사문 측면
The side view of Kaeksamun Gate

　문을 구성하고 있는 기둥이 가운데의 것을 제외하고
는 앞, 뒤 독립되어 있어 기둥자체의 엔타시스가 가장
뚜렷히 표현되는 건물로 유명하다. 구체적인 구조적
특징은 주두, 소로의 형태가 수덕사 대웅전과 같다고
하여 고려때의 주심포계 형식을 여실히 보여주고 있
다. 전체적인 건물의 특징은 정직하고 강한 맞배지붕
과 화려하지만 예리한 감을 보여주는 첨차등이 고려당
시의 건축술을 잘 보여주고 있다.

객사문 전경
The view of Kaeksamun Gate

객사문 기둥

The Column of Kaeksamun Gate

문 앞, 뒤의 기둥 치목기법은 강한 엔타시스이며 아래, 위가 얇고 가운데가 불러오른 것을 특징으로 하고 있다.

객사문 구조 상세 ▶

Detail of column top ornanmentation of Kaeksamun Gate

고려당시의 주심포계 양식의 완성되고 전형적인 모습을 보여주고 있다.

정읍 피향정
Pihyangcheong Pavilion in Cheongeup

관립 정자로 원래는 동헌에 부속되어 있었다고 한
다. 규모로는 정면 5칸, 측면 2칸으로서 양 협칸의 크
기가 다른 칸의 크기보다 작은 것이 특징이다. 남원
광한루와같이 주초를 길게하여 마치 2층과 같이 보이
게 하나 사실은 1층의 루정이다. 가운데 칸에 대략 7단
의 계단을 두었으며 지붕의 앙곡과 처마선이 아름다
워 정자의 기능을 하는데 무리함이 없다.

정읍 피향정 전경
The view of Pihyangcheong Pavilion

피향정 내부 상세
Inner detail of Pihyangcheong Pavilion

피향정 내부 천정 상세
Inner detail of Pihyangcheong Pavilion

피향정 입구 전경
The entrance view of Pihyangcheong Pavilion

피향정 마루 구조 상세
Detail of wooden flooring of Pihyangcheong
Pavilion

피향정 목조구조 상세
Detail of column top ornamentation of
Pihyangcheong Pavilion

◀ 피향정 주초석 상세
Detail of column base of Pihyangcheong
Pavilion

여수 진남관
보물 324호
Chinnamkwan Pavilion
Treasure No. 324

　조선중기 때(1716)의 것으로 국내의 단일목조건물 중 가장 큰 규모를 자랑하고 있다. 이 건물의 원래 기능은 전라좌수영의 본영이었으며 현 규모로 보아 과거 주변에는 많은 수의 건물이 산재해 있었을 것으로 생각된다. 전체구조는 4평주 7량으로 평면을 보면 앞뒤로 툇칸을 두었으며 가운데 공간은 기둥을 두지 않아 넓은 공간을 이룰 수 있었다. 건물 내부는 거의 주랑의 효과를 보일만큼 전체건물의 규모는 크고 우람하다.

진남관 전경
The view of Chinnamkwan Pavilion

　진남관의 진입공간은 ㄷ자형을 이루고 있으며 주요
평면구성은 진입부, 서비스부, 그리고 중심공간으로
이루어져 있다. 이 건물의 특징은 양쪽 3번째 기둥열이
전체 가운데 공간을 구획해주고 있어 주랑의 인상을
경감시키고 있다. 출입구는 전면에 3개가 있으며 단층
기단위에 조성되었다.

진남관의 공포상세
Detail of Column top ornamnentation of Chinnamkwan Pavilion

진남관의 내부 상세
Inner detail of Chinnamkwan Pavilion

김포 장릉 전경
The view of Changreung Tomb in Kimpo

장릉 입석
The Standing Stone of Changreung Tomb

장릉 전경
The view of Changreung Tomb

해미 읍성
사적 116호
Haemi Eupseong Castle
Historical Site No. 116

조선초기의 읍성으로 병마절도사가 재임하여 서해
를 관장하던 곳이다. 우리나라 읍성건축중 고창읍성과
함께 대표적인 읍성의 형식을 나타내고 있으며 아직도
주변에 많은 유적을 남기고 있다. 읍성안에는 동, 서,
남의 3개의 문과 2개의 옹성, 객사 2동, 포루 2동, 동
헌 1동, 총안 380개, 수상각 1개, 신당원 1개가 있었던
큰 규모의 성이었다. 현재는 객사 2동, 동헌 1동, 망루
1개 만이 있을 뿐이다.

고창 읍성
Local Castle of Kochang

　해미 읍성과 함께 거의 원형의 상태가 그대로 보존
되어있는 고창읍성은 자연석 쌓기 방식의 성벽과 포
루, 객사, 동헌, 망루 등이 남아있다. 전북 지방 읍성
연구에 중요한 자료로 여겨진다.

읍성의 망루
Pavilion of Local Castle of Kochang

읍성 입구 지역
Entrance area of Local Castle

성벽 포루

성벽
Wall of Local Castle

성벽 상세
Wall of Local Castle

언양 읍성
Local Castle of Eonyang

탑파

불국사 다보탑(佛國寺 多寶塔)
신라 〈8세기 중엽〉, 높이 10.4m, 국보 20.호신라
Tapotap Pagoda of Purkuksa Temple
Silra, 8C A.D., Height 10.4m, National Treasure No. 20.

다보탑은 다보여래와 석가여래가 나란히 앉아 석가설법(釋迦說法)을 증명하는 상(相)을 나타낸 탑인데, 일반적인 탑형식을 벗어난 특수한 명탑이다. 기단부는 2층으로서 하층은 4면에 보계(寶階)를 두고 난간을 설치하였으나, 현재는 석주만이 남아 있다. 그 위에 상층의 4우주를 세우고 방형의 석주가 있어 찰주같이 보인다. 이 위에 갑석(甲石)이 얹혀 있는데, 두공이 약화된 받침돌이 끼여 있다. 갑석 위에는 방형의 난간이 있으며, 그 안에 8본 죽절형(竹節形) 석주를 둔 다음 8각 연화대석을 얹었다. 이 위에 다시 8각 대판(臺板)이 돌려져 있으며, 꽃술 8개를 돌린 탑신을 안치하고 8각 옥개석을 덮었다. 옥개석 위에 상륜부가 놓여 있는데, 8각 노반 위에 원형의 복발, 8각 앙화석, 보륜 등을 얹고 보개와 보주를 놓았으며 거의 완전하게 보존되어 있다. 기단부 네 귀퉁이에 있던 4사지는 없어지고 현재는 1구만이 남아 있을 뿐이다.

불국사 석가탑(佛國寺 釋迦塔)
신라, 8세기 중엽, 높이 8.2m, 국보 21호
Seokkatap Pagoda of Purkuksa Temple

Silra, 8C A.D., Height 8.2m, National Treasure No. 21

 일명 석가탑 또는 '무영탑(無影塔)'이라고도 하는데, 석가탑이라 함은 법화경의 석가여래 상주설법(常住說法)의 상(相)에 따른 것이고, '무영탑'이라 함은 탑을 세우는 과정에 얽힌 설화 때문에 붙은 이름이다. 2층기단 위에 3층 탑신을 올린 신라석탑 양식의 완숙기를 대표하며 기단부의 상하중석(中石) 각면에는 탱주 2주로 3분되어 있고, 옥신과 옥개석은 각각 1석이다. 각층 옥신에는 두 우주가 있으며, 옥개받침은 각층이 5단으로 구성되어있다. 상륜부에는 노반. 복발. 앙화(仰花)가 남아 있었는데, 1973년 공사 때 현재의 모습으로 복원되었다고 한다. 탑 둘레에는 연화문을 조각한 원형석(圓形石)이 방형으로 연결되어 탑구(塔區)를 이루며 이를 8방금강좌(八方金剛座)라고 부른다. 탑 2층 옥신 안에서는 금동사리외함, 유리사리병 등의 사리장치가 발견되었고, 그 중에 무구정광대다라니경은 저지(楮紙)로 되어 있어 세계 최고(最古)의 목판인쇄물이라 할 수 있다.

정림사지 5층 석탑(定林寺址 五層石塔)

백제, 7세기초, 높이 8.33m, 국보 9호

5 Story Stone Pagoda of Cheongrimsachi Temple

Paekche, 7C A.D., Height 8.33m, National Treasure No. 9.

　석탑의 형식상 목탑의 양식을 따랐으며 미륵사지탑보다 훨씬 세련된 수법의 창의성을 보이고 있다. 형태로는, 낮은 단층기단 위에 1간 4면의 탑신이 있으며, 탑신에는 4우주(隅柱)가 있고 각면 양 우주 사이에 2장의 벽판석을 세워 8매석으로 구성하고 그 위에 판석을 얹고 옥개석을 지지하고 있다. 우주에는 엔타시스 처리가 되어있으며, 옥개석은 얇고 넓은 것이 특징이다. 옥개받침에서 모를 없애, 두공 상륜부는 5층 옥개석 위에 노반석이 남아 있을 뿐 다른 부재는 없으며 찰주공이 노반을 뚫고 옥개석까지 이르고 있다. 정림사(定林寺)란 이름은 일제 말기 사지조사에서 발견된 기와에 '정림사'라는 명문이 나와 이에 따랐으며, '평제탑(平濟塔)'이라는 글이 새겨있어 당나라 장군 소정방이 백제 평정 후 새긴것에서 당시 백제의 비운을 전해주는 탑이다.

감은사지 동서 3층석탑(感恩寺址 東西 三層石塔)
신라, 7세기, 동서 각 탑 높이 13.4m, 국보 112호
3 Story Stone Pagoda of Kameunsachi Temple

Silra, 7C A.D., Height 13.4m, National Treasure No. 112

감은사 절터에는 동서에 두 탑이 서 있는데 두 탑의 규모가 거의 같다. 신라의 삼국 통일로 탑의 양식에 있어 신라석탑의 전형양식을 정립하게 되었다. 기단은 2층의 전 축기단이며, 지대석(地臺石)과 하기(下基)면석이 같은 돌로 되어있고, 상하면석에는 상하 각기 2주(柱)와 3주의 탱주(撑柱)가 있어 각 면을 구분해주고 있다. 탑신부도 4 우주석과 4장의 면석을 만들어 맞춰 모두 8장의 돌로 결구하고, 2층 옥신석은 각각 한쪽에 우주를 하나씩 모각(模刻)한 판석 4장으로 구성하였다. 옥개석은 낙수면부와 받침돌이 별석으로 각기 4장씩 구성되었으며, 옥개받침은 각층이 5단이다. 상륜부는 양탑이 모두 3층 옥개석 위에 노반석(露盤石)만을 남기고 있을 뿐 다른 부재는 없어 졌고, 현재 긴 철간(鐵竿)만이 남아있다.

분황사 석탑

신라 선덕여왕 3년(634), 높이 9.3m, 국보 30호.

Stone Pagoda of Punhwangsa Temple

Silra,634 A.D.,Height 9.3m, National Treasure No. 30

　　신라 선덕여왕때 축조된 것으로 일명 모전석탑으로 불리우고 있다. 일반돌로 쌓은 넓은 단층기단 위에 1단의 화강암 장대석이 있으며 그 위에 안산암을 길이 30-45cm, 두께 4.5-9cm로 치석하여 옥신,옥개석을 쌓아 전탑같이 보인다. 1층 4면에는 화강암으로한 감실을 두었으며, 석비 2장을 달았다. 감실 양쪽에는 인왕상을 1구씩 양각하였으며 옥개는 전탑과 동일하게 상,하에 층단을 이루었으며, 옥개석의 받침수는 초층부터 6단이며, 상면 층급수는 1, 2층이 각각 10단이고, 3층은 방추형으로 쌓아 올리고 정상에 앙화를 얹었다. 1915년 수리시, 2층, 3층 사이의 석함 안에 사리장엄구가 발견되었으며, 옥류, 금,은 바늘, 가위 등이 출토되었다. 시기로는 고려때 담은 것이라 한다. 국내의 탑중 가장 많은 유물이 나왔으며, 탑 귀퉁이에는 돌사자를 두었다.

분황사 입구와 양옆의 인왕상
The Gate of Punhwangsa Temple

분황사의 4사자
The Lion of Punghwangsa Temple

신륵사 다층전탑
고려, 높이 9.4m, 보물 226호
Multi Story Pagoda of Silreuksa Temple
Koryo, Height 9.4m, Treasure No. 226

　국내에선 희귀한 전탑으로 신라시대때 주로 안동지방을 중심으로
조성되었는데, 고려에 들어와서는 보기드문 예이다. 기단은 7층의 화
강암으로 7층단을 이루고 있다. 탑신부는 전돌로 구축하여 6층을 이
루고 있으나, 그 위에 1층이 있어 7층처럼 보인다. 옥개받침은 3층까
지가 2단이고 4층부터는 1단이다. 옥개 상면의 받침수는 1층이 4단
이며, 2층부터는 2단씩으로 되어있다. 7층 옥개 받침수는 1층이 4단,
2층 위는 2단씩이며, 7층은 옥개가 없으나, 위에 상륜부가 놓여있다.

신륵사 다층석탑
Multi Story Stone Pagoda of Silreuksa Temple

석탑으로는 특이한 형식을 취했으며 기단석과 탑신
부가 거의 규모상 큰 차이를 보이고 있지 않아 신라탑
에서 많이 변모한 모습을 보여주고 있다.

◀신륵사 보제존자석종 앞 석등
보물 231호
The Stone Light of Silreuksa Temple
Treasure No. 231

신륵사 보제존자 석종

보물 228호

The Stone Bell of Pochechoncha in Silreuksa Temple

Treasure No. 228

신륵사 보제존자를 기념하기 위한 석종으로 종모양
을 하고 있을뿐 실제의 역할은 하고있지 못하다. 넓은
기단위에 석종을 위한 낮은 2개의 기단을 두고 그 위에
석종을 두었다.

◀신륵사 보제존자 석종비

보물 229호

The Stone Monument of Pochechoncha in Silreuksa Temple

Treasure No. 229

미륵사지 석탑

백제, 7세기

The Stone Pagoda of Mireuksachi Temple

Paekche, 7C A.D.

　한국 석탑의 가장 초기 형식으로 전북 익산에 있다. 각부의 구조를 보면, 기단부는 목탑의 가구법을 사용한 듯하며, 탑신부는 초층 탑신의 각 면이 3간씩으로서, 중앙의 1칸에는 사방에 문을 두어 내부로 통하게 하였고 내부의 교차되는 중심에 거대한 방형 석주인 찰주가 있어 목탑을 모방한 것으로 볼 수있다. 각 면에는 엔타시스 처리된 장방형의 석주가 있고 그 위에 평방과 창방을 두었으며 두공양식을 모방한 3단의 받침이 옥개석을 지지하고 있는데, 이 또한 목조 건축 가구법을 보여주고 있다. 2층 이상의 탑신은 초층보다는 훨씬 얕으며 각 층 높이 차는 심하지 않고, 가구 수법이 목조보다 간략화 되어있다. 2층 이상의 옥개석은 위로 갈수록 폭이 줄어들고, 두공 양식의 3단 옥개 받침이나 전각의 반전 등 각부는 초층의 구성과 같은 수법을 보이고 있다. 미륵사지 석탑은 7세기 초반에 건조된 탑으로 목탑 가구의 세부까지 충실하게 모방하고있어 목탑에서 석탑으로 변천하는 과정을 뚜렷하게 보여 주고 있다.

무량사 5층석탑

고려, 보물 185호

5 Story Stone Pagoda of Muryangsa Temple

Koryo, Treasure No. 185

　고려시대의 석탑은 지방적인 특색을 현저하게 나타내고 있는데, 예를들어 신라의 옛 땅 경상도에서는 신라시대의 양식을 충실하게 따르고 있으나 백제의 땅인 충남과 전북지역에서는 백제시대의 양식을 따르고 있는 경우가 많다. 전북이나 충남지방에서는 고려시대에 탑을 세움에 있어 백제 탑계의 양식을 따라 만들었으며 무량사의 경우도 그에 해당한다. 석탑내부에서 발견된 유물로는 수정제 사리호 1, 은합, 동합 등이 있었고 1971년 해체 복원 공사때 고려 금동불 1, 사리함과 3존좌상등이 발견된바 있다.

무량사 5층석탑
5 Story Stone Pagoda of Muryangsa Temple

형식상 신라말 것으로 보이나 정확한 연대를 알길이 없고 전체적인 비례역시 전형적인 신라의 것에 비해 다소 이형의 어색한 감을 보이고 있다. 아마도 신라말에서 고려초로 넘어가는 과도기의 것으로 보인다.

수덕사 3층 석탑
3 Story Stone Pagoda of Sudeoksa Temple

형식상 신라말 것으로 보이나 정확한 연대를 알길이 없고 전체적인 비례역시 전형적인 신라의 것에 비해 다소 이형의 어색한 감을 보이고 있다. 아마도 신라말 에서 고려초로 넘어가는 과도기의 것으로 보인다.

운주사 석탑
The Stone Pagoda of Unchusa Temple

작자 미상의 운주사의 탑들은 사찰 진입시부터 도처에 널려있는데 유물들로 보아 당시 운주사의 영역을 가름케 해주는 단서를 제공하고 있다. 전체적인 탑들의 생김새는 매우 어색하며 형식적인 것과는 거리가 멀어 탑공들의 훈련소로서 또는 민간의 제작으로도 추정되고 있다.

운주사의 석제 와불
The Stone Budda of Unchusa Temple

    운주사의 앞 산록을 거슬러 올라가면 거대한 규모의
와불을 접할 수있는데 불상의 형식상 숙련된 장인에
의해서라기 보다는 민간의 신앙심에 의해 조성된 것으
로 보인다.

운주사의 입석 불상
The Stone Budda of Unchusa Temple

사역입구로 부터 도처에 산재해 있는 것으로 당시
민간의 불심을 엿볼 수 있는 좋은 증거라 할 수있다.

화엄사 5층 석탑
5 Story Stone Pagoda of Hwaeomsa Temple

신라시대의 이형석탑중 하나이며 전형적인 석탑의
기본양식을 갖추고 장식이 조각되어있는 탑이다. 제1
탑신에는 사천왕 입상, 하층기단 각면의 안상(眼象) 안
에 3구씩의 12지신상을 두었으며, 상층기단 중석 각면
에는 2구씩의 8부중(八部衆) 입상이 조각되어 있다.

화엄사 4사자 3층석탑
신라, 8세기 중엽, 높이 5.5m, 국보 35호
3 Story Stone Pagoda supported by Four Lions in Hwaeumsa Temple

Silra,8C A.D., Height 5.5m, National Treasure No. 35

　이 탑은 사찰의 서북쪽 '효대'로 불리우는 곳에 자리잡고 있으며 불국사 다보탑과 함께 신라 이형 석탑의 정수를 보이고 있다. 이 석탑은 탑신부가 일반탑과 같으나 상층기단부에서 변형을 이루고 있으며, 네 모서리에 우주 대신 4마리의 사자를 배치하고 중앙에 좌상 또는 입상의 승려형상을 놓아 찰주의 역할을 하게 하고 있다.

화엄사 4사자 3층석탑
3 Story Stone Pagoda supported by Four Lions in Hwaeumsa Temple

　화엄사 4사자 석탑의 기본 조형은, 2층 기단 위에 3층 탑신과 상륜부를 얹은 일반형의 방형석탑이나, 상층기단이 특이한 구조를 하고 있는데, 하층기단 면석 각 면에는 양우주가 있고 탱주는 없으며, 고식(古式)의 3구씩 안상안에 양각한 천인상 1기 모두 12구를 배치하였다. 이것들 모두를 보관, 영락, 천의로 장식하였으며 연화대좌 위에 앉은 자세도 각기 달라, 악기와 꽃을 지지하고 불천을 찬미하고 있다. 상층기단은 네 모퉁이에 우주를 두었으며, 머리 위에 연화대를 얹어 넓은 갑석을 지지하고 있다. 그 중앙에는 찰주 대신 합장하고 있는 승려입상을 세웠는데, 이 인물을 자장 또는 연기법사라고도 한다. 제 1탑신 4면에 문비가 모각되고, 그 좌우에 인왕상이 2구, 양측면에 사천왕상 2구, 배면에 보살상 2구를 양각하였다. 2층 이상은 단일석으로 되어있는데 4모서리에 우주를 두었으며, 옥개석 받침은 각층 5단, 상륜부는 노반, 복발만이 남아 있다.

동화사 금당암 3층 석탑
3 Story Pagoda of Keumtangam Hall in Tongwhasa Temple

1957년 해체 수리시 제1탑신에서 납석제 소탑(높이
7.8-10cm) 99기, 사리합, 사리 은원통 등이 발견되었
는데, 납석제 소탑은 현재 53기가 국립중앙박물관에
보관되어있다.

동화사 석조 부도 ▶
보물 601호
The Stone Tomb of Tongwhasa Temple
Treasure No. 601

동화사 비로암 3층석탑
3 Story Pagoda of Piroam Pavilion in Tongwhasa Temple

  신라탑의 형식을 보이고 있으며 주로 이 탑에서 나
온 유물로 유명하다. 비로암 3층석탑에서는 주로 사리
함이 나왔는데 함통 연간(860-873)의 명문이 있는 사
리호가 발견되어 사리함의 연구에 좋은 자료가 되고
있다.

동화사 비로암 3층석탑 ▶
3 Story Pagoda of Piroam Pavilion in Tongwhasa Temple

生涯三尺短杖

동화사 금당암 석탑
The Stone Pagoda of Keumtangam Hall Tongwhasa Temple

동화사 금당암 석탑
The Stone Pagoda of Keumtangam Hall Tongwhasa Temple

통도사 봉발탑
보물 471호

Pongpartap Pagoda of Tongdosa Temple

일종의 부도형 탑으로서 시원적인 유래로는 신라말기까지 거슬러 올라간다. 이러한 탑은 인도의 원탑양식을 따른것이라 하며 우리나라에서는 석종형 부도에서 주로 나타나고 있다.

통도사 부도군
Putoes tombs of Tondosa Temple

여러 가지 형식의 부도유형을 볼 수 있는 귀중한 자
료이다.

통도사 석등
The Stone Ligft of Tongdosa Temple

통도사 석탑
The Stone Pagoda of Tongdosa Temple

쌍봉사 철감선사 탑
The Pagoda of Cheorkamseonsa in Ssangpongsa Temple

철감선사 탑비
보물 170호
The Pagoda Monument of Cheorkamseonsa in Ssangpongsa Temple
Treasure No. 170

운문사 3층석탑
3 Story Pagoda of Unmunsa Temple

통일신라시대의 것으로 보이는 이 탑은 탑신의 정연한 형식과 기단석 위
에 놓인 탑신 면석에 새겨진 조각상 등이 상당히 오래된 고식을 보여주고
있으며 그 원형역시 잘 보존되어 과거의 연혁을 알 수있게 한다.

실상사 백장암 3층석탑
신라, 9세기, 높이 5m, 국보 10호
3 Story Pagoda of Paekchangam in Sirsangsa Temple
Silra, 9C, Height 5m, National Treasure No. 10

  탑신부의 조각이나 기단의 구조 등으로 보아 신라 전형적인 이형석탑이며, 기단부는 일반형 석탑과 같이 단층이나 2층 전축기단은 아니다. 탑신과 옥개석은 방형이며, 탑신에는 난간을 모각하고 상부에 두공을 새겨놓아 목탑을 모방한 흔적을 엿볼 수있다. 3층 옥개석은 보살상 좌우에 비천상을 새겨 놓았으며, 탑신의 조각상은, 1층옥신 각면에 보살입상과 신장산이 2구, 2층 탑신 4면에 천인좌상이 2구, 3층 각면에 1구의 천인좌상을 양각하였다. 상륜부는 노반, 복발, 보개, 수연등이 찰주에 꽂혀 있다.

실상사 백장암 3층석탑 ▶
3 Story Pagoda of Paekchangam in Sirsangsa Temple

금산사 5층 석탑
5 Story Pagoda of Keumsansa Temple

금산사 석종
The Stone Bell of Keumsansa Temple

금산사 6각 다층석탑
고려, 11세기, 높이 2.18m, 보물 27호.
Multi Story Pagoda of Keumsansa Temple
Koryo, 11C A.D., Height 2.18m, Treasure No. 27

한국 석탑은 주로 화강암의 방형탑이 대부분인데, 이 탑은 고려때의 것으로 6각 또는 8각의 탑이 유행하였으며 이 탑이 대표적인 것이라 하겠다. 기단부는 화강암 3단으로 이루어져 있으며, 그 위의 탑신부는 점판암으로 이루어져 있다. 3단 6각의 화강암 각면에 사자를 양각하였고 그 위에 점판암 6각석재가 2장 놓여있다. 아랫층에는 복련이 있으며, 위층에는 앙련이 조각되었고 그 사이에 중석을 끼웠던 것으로 보인다. 탑신부는 옥신, 옥개석을 각 하나의 돌로 중첩되었으며, 현재 옥신석은 11층까지 좌불을 조각하였고, 옥개석 상하면에 홈이 파져 있다.

금산사 석조

직지사 비로전앞 3층 석탑
3 Story Pagoda at the front of Pirocheon Hall in Chikchisa Temple

직지사 대웅전 앞 3층 석탑
3 Story Pagoda at the front of Taeungcheon Hall in Chikchisa Temple